牛津趣味数学绘本

Rafferty's Rogues : Money

愚蠢的盗贼之

不值钱的硬币

〔英〕菲利希亚·劳 (Felicia Law) 〔英〕安·史格特 (Ann Scott)/ 著 张吟颖 / 译

U0332255

北京日报出版社

在嗞嗞城外的不远处，
有一条弯弯曲曲的小路，
从嗨哟山脉，
一直通往嘎吱峡谷。
路边，立着一块路牌。

路牌上的方向标很奇怪，文字标注和所指方向都让人匪夷所思。指向天空的写着"空荡荡的天"，指向远山的写着"灰蒙蒙的山"，指向路旁仙人掌的写着"浑身是刺儿的仙人掌"，还有一个写着"霸王树"。

灰

坏

浑身

只有最敏锐的人才能发现，还有一块缺角开裂的方向标指向一条石子儿路，这条路通往坏蛋谷，只有最勇敢的人才会踏上它。

经过一天一夜的长途跋涉后，
他将会抵达你现在所在的
地方——坏蛋谷的边界。

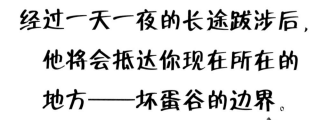

他将看到面前有一间锈迹斑斑、摇摇欲坠的棚
屋，棚屋里面住着一群胆大妄为的盗贼。

他将听到一群可怕的人发出的哼哼呼呼的打鼾
声，这群人就是——

赖无敌和他的手下。

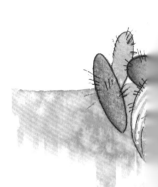

好人止步！

5

早晨，赖无敌有了一个计划！

但是要想实施他的计划，他必须要召集齐所有的盗贼。这意味着，必须先叫他们起床！

"立正！"赖无敌大喊着，"排成一排，从左开始报数！"

猫儿妹说："一。"　肌肉哥说："二。"　"来啦。"指头妞喊道。

十分钟之后，赖无敌又试了一次，他喊道："立正！排成一排，从左开始报数！"

"一！"　"二！"　"三！"　"还有我！"排骨弟叫道。

又过了十分钟，赖无敌又试了一次，他喊道："立正！排成一排，从左开始报数！"

"一！"   "二！"   "三！"   "四！"   "五！"

"好了，"赖无敌说，"我有一个计划。"

"太棒了，"猫儿妹说，"我们洗耳恭听！"

但是，赖无敌已经不记得他的计划是什么了，毕竟那已经是20分钟之前的事了。

"是什么坏事吗？"猫儿妹问。"是不是特别特别坏的事情？"排骨弟问。"我想是的。"赖无敌回答。

"是要把市长的雕像涂成绿色吗？"
"是要把所有的指示牌弄反吗？"
"是要剪断洗衣店的晾衣绳吗？"

"不！"赖无敌说，他想起了他的计划，"我的计划是抢劫银行！"

"银行是个什么东西？"肌肉哥问（他知道所有关于肌肉的事情，但对其他事情知之甚少）。

其实，赖无敌知道得也不多。

（赖无敌至少知道这些……）

什么是银行？

在所有的城镇，只要你四处看看，就会发现一些被称为银行的建筑物。为了财产安全，人们把钱存进银行。

如果你想办理银行的业务，你需要先开一个账户。有了这个账户你才可以把钱存进银行，也可以在你需要的时候把钱取出来。大多数人都会开一个日常使用的活期账户。

银行也提供其他种类的账户，比如储蓄账户。储蓄账户里的钱会在一段时间内存在银行，并且会变得更多。

9

"那我们要去抢哪一家银行呢？"排骨弟问。"当然是镇上的那家，"赖无敌说，"它离我们最近。"

赖无敌告诉他的手下，银行有好多好多的钱，因为他自己就存了好多钱在那里。他经常把他的钱带去银行，银行职员会为他做理财投资，所以每次从银行回来，他账户里的钱就会多一点儿。他也因而变得越来越富有。

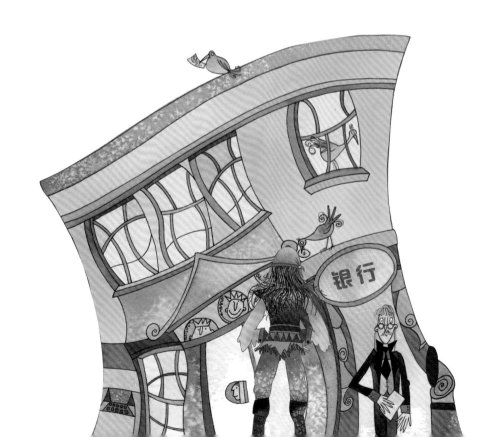

让钱变得更多

当你把钱存进银行后，银行职员就会用这些钱去做投资，赚取更多的钱，我们称之为收益。银行会和你一起分享这些收益，你分到的那部分被称作利息。

活期账户持有者拿不到利息，而储蓄账户持有者可以。银行按照一定的百分比给储户支付利息，这个百分比可以是百分之一或更多。百分比的表示符号是"%"，所以百分之一可以写作"1%"。

"但是，如果我们偷你存钱的那家银行，"猫儿妹问，"你走进去的时候，他们不会认出你吗？"

"当然不会，"赖无敌大声说道，"我们会伪装一下。"

指头妞制定了一个实施方案，整个抢劫过程需要整整两个小时的时间。

盗贼们离开棚屋。

开车去镇上，然后把车停在公交车站后面。

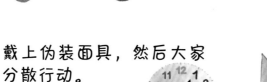

戴上伪装面具，然后大家分散行动。

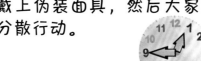

肌肉哥负责看守后门。

盗贼们从银行的前门进去找经理。

（礼貌地）索要现金，尽可能多地带走保险柜里的现金。

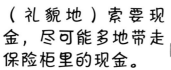

 肌肉哥进来帮忙装运赃物。

次序和预测

无论你计划做什么事情，在开始之前，都需要先制定每次行动的执行次序。（这样就不会发生，在抢劫到保险箱之前，车已经被开走的状况了。）

可以事先制作一个流程图来记录次序。有了图表，一旦你展开一系列行动，有时就能够猜测或者预测到将会发生什么事情。一个行为常常，或者必将导致另一个行为的发生。

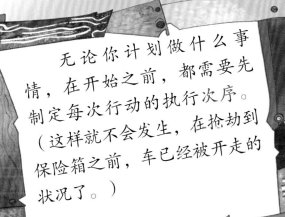

"记住我们的口号！"赖无敌提醒他们。

将钱袋装上卡车运回家。

从银行后门离开。

分赃。

赖无敌第一个进去。银行里凉爽而安静。他自己从饮水机里接了点儿水喝。

　　"早上好，先生。"银行经理笑着说，"今天我有什么能帮助你的吗？您是来存钱还是来取钱的呢？"

　　"都不是，"赖无敌说，"我们是来抢劫银行的。"

"看来你们选错日子了，"银行经理说，"保险箱里没有多少钱。"

赖无敌耸耸肩说："有多少我们就拿多少。"

猫儿妹有个主意，她说："赖无敌，也许我们可以换一家银行。"

"噢，是赖无敌先生，"银行经理说道，"您戴着面具，我都没有认出来。

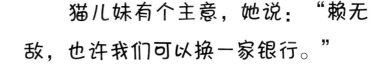

"好吧，既然这样的话，赖无敌先生，由于您是这家银行不错的客户，让我看看可以帮您做些什么。"

保险箱是锁着的，只有用正确的数字组合才能打开它，但是银行经理不记得那组数字了。

"让我想想，"他说，"我记得这组数字和我工作的地方有关系。"

"一家银行？"赖无敌的问题很有帮助。

"对，"正在努力思考的银行经理回答，"A bank (一家银行)，用数字来表示。"

问题来了！

猫儿妹想不到这组数字是什么，排骨弟也想不到。

赖无敌和指头妞花了很长时间才想出来。你可以吗？

A是字母表中的第一个字母，所以对应的数字就是1。这个提示应该可以帮到你。（答案在第32页）

保障钱的安全

把钱存在银行是最安全的。不仅仅是钱，银行还可以保管一些贵重物品，比如珠宝。

现代的保险箱通常有两道锁。其中一道锁可以用钥匙打开，另外一道是密码锁，需要用一组密码（一个数字序列）和一个转盘才能打开。

你的银行账户同样被很好地保护着，不是用锁和螺钉，而是用一个密码。这个密码只有你自己和银行知道，它被称为个人身份识别码（PIN）。

银行经理说的是实话。保险箱里真的没什么钱。

　　盗贼们聚集在保险箱周围。箱子里有一些粉色的钞票、一些橘色的钞票、一些蓝色的钞票和一些绿色的钞票。

　　"拿你们喜欢的吧，"银行经理说，"我们有一系列的颜色。"
　　"它们都好漂亮，"猫儿妹说，"我想每种颜色都要点儿。"

　　"我要那些印有硬汉头像的。"肌肉哥说。

纸 币

很久以前，人们使用金匠做的金币来买卖东西。金匠并不是只制造金币，他们也替人保管金子。他们会给委托他们保管金子的人一张字据，我们称之为收据。有了收据，无论何时只要有人想拿回自己的金子，金匠都会凭收据把金子还给他。

后来，人们开始用收据代替金子进行买卖。收据成为一种新型的货币，也就是最早的纸币。

如今，你不可能拿着这样的票据到银行去，期望能换到一块金子。但是，纸币在今天仍然是一种承诺，这张纸是有价值的，可以用来交换其他等价值的货物或纸币。

排骨弟不想要绿色的钞票。他说："我知道0表示什么都没有，所以那些印了很多0的钞票是不值钱的。"

纸币的印制

首先，一位艺术家在电脑上进行设计。然后，纸币的背景设计被印刷出来。而另一套印刷系统会印刷出每张纸币的独有编号和识别标志。

有些设计，比如头像，会被刻在钢板上。油墨被涂到钢板上后，就可以填满雕刻师做出的痕迹。在印刷时，这些雕刻出来的影像就会稍稍突起。

盗贼们一遍又一遍地翻看着这些钱。的确有好多东西需要好好看看：编号、头像、识别标志、隐藏的安全线以及很多被称为水印的图案。

真的是很难选，所以赖无敌提议把这些钱全带走。

安全的纸币

因为纸币是被当作钱来使用的，所以必须保证它们不能被复制。如果它们可以被复制，那么人们就可以自己制造纸币了。

纸币有一些秘密的安全特征来防止被复制。通常，你用肉眼是不能发现这些特征的。有些特征需要在紫外线灯下才能被看到。大多数的纸币都有一个几乎看不见的水印，这些水印被印入纸张内部。除此之外，每张纸币都被加入了一根安全线。

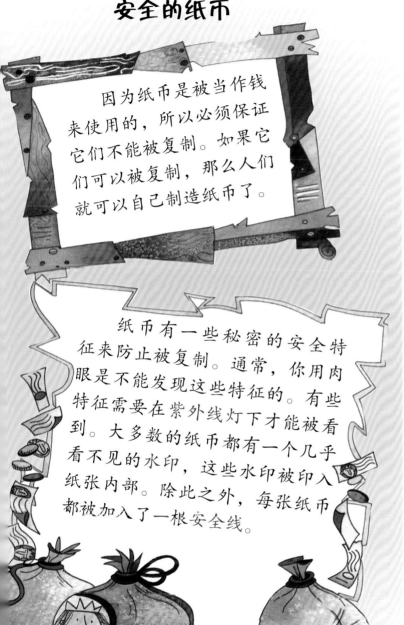

但是，排骨弟还是不高兴。"这些全部都是纸，"他向银行经理抱怨道，"只是一些彩色的纸罢了。

"你们这里就没有金子吗？"

　　"我们是有一点儿金子，"银行经理解释道，"事实上，我们习惯把金子放在可以锁起来的地方，盗贼们不可能进得去。

　　"对不起，赖无敌先生，无意冒犯，但是金子真的是很珍贵的东西。"

金 条

黄金是稀有金属。大多数金属在被加热后会变软，但是黄金不会，它只是变得更有韧性。黄金可以被制造成金属丝或者比纸巾还要薄的金片。黄金也非常重。

制造金条，或叫金锭的方法，是将金子在高温下融化后倒入一个模具中。

金条是金子在被铸造成硬币之前的叫法，它通常是锭状的。所有金条的纯度都非常高。

纯金锭非常昂贵，要购买和一小袋薯片一样重的一小块金锭，需要花费大约3000元人民币。

猫儿妹发现了一些亮闪闪的硬币。"这些是金的吗？"她问道，"我们可以拿一些这个代替吗？"

银行经理解释说他们有很多硬币，这些硬币是新的。因为这些硬币没有在很多人之间流通过，所以还很干净并且亮闪闪的。"我们要带走它们。"猫儿妹说。

硬币很重，而钞票却很轻。虽然银行经理已经很乐于助人了，但他没有告诉他们，和钞票比起来，这些硬币根本不值什么钱。

很快，包和袋子都装满了，已经没有空间再装更多的钱了，赖无敌决定离开。

硬币

在中国人使用了很久铜币之后，硬币才在其他地方出现。在西方，吕底亚是最早使用硬币的国家，现在这个古国属于土耳其一部分。当时的硬币是用金银混合其他金属制造的。

16世纪，几乎所有国家都采用硬币作为货币。在许多国家由统治者来决定一枚硬币值多少钱。

统治者必须确保没有假币。他们把自己的头像印在硬币的其中一面上。这种做法延续到了今天。

"很荣幸为您服务，"银行经理一边说一边打开门让他们出去，"欢迎再次光临。"

"太简单了，"肌肉哥说，"赖无敌，我们要不要再抢一次呢？"

但是，赖无敌说这次抢一家银行就行了，该回家了。

回到棚屋以后，盗贼们把所有的硬币都倒在桌子上。不知为何，它们看上去并没有赖无敌之前期待的那么多。

"好吧，我们来数数看，"他说，"然后我们就可以知道抢劫了多少钱。"

大家都同意。这是多么令人激动的时刻啊！

然而，排骨弟数数只能数到20，指头妞可以数到100，但是她把60和70搞混了。猫儿妹说她数到5就数不下去了，肌肉哥根本就没学过数数。

赖无敌简直不敢相信。"人们数数都已经数了上万年了，"他说，"难道你们没上过学吗？"

"是的，"他们说，"我们通常不上学。"

计算现金

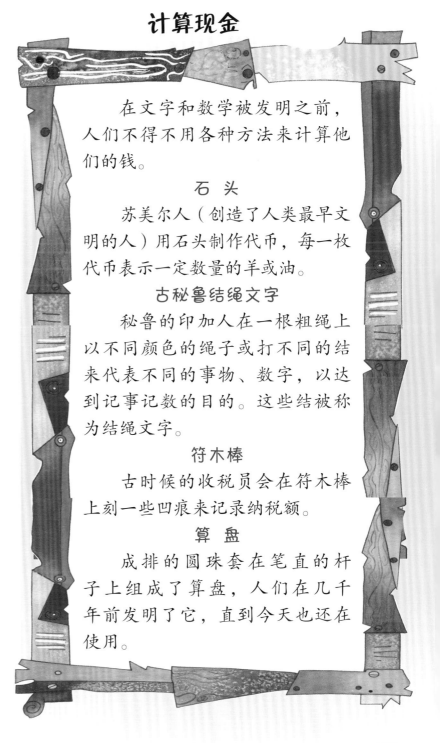

在文字和数学被发明之前，人们不得不用各种方法来计算他们的钱。

石头
苏美尔人（创造了人类最早文明的人）用石头制作代币，每一枚代币表示一定数量的羊或油。

古秘鲁结绳文字
秘鲁的印加人在一根粗绳上以不同颜色的绳子或打不同的结来代表不同的事物、数字，以达到记事记数的目的。这些结被称为结绳文字。

符木棒
古时候的收税员会在符木棒上刻一些凹痕来记录纳税额。

算盘
成排的圆珠套在笔直的杆子上组成了算盘，人们在几千年前发明了它，直到今天也还在使用。

面值

纸币的价值都被清楚地印在纸币上,这就是我们所说的面值。在大多数国家,不同面值的纸币被印成不一样的颜色,这样人们就不会搞混了。

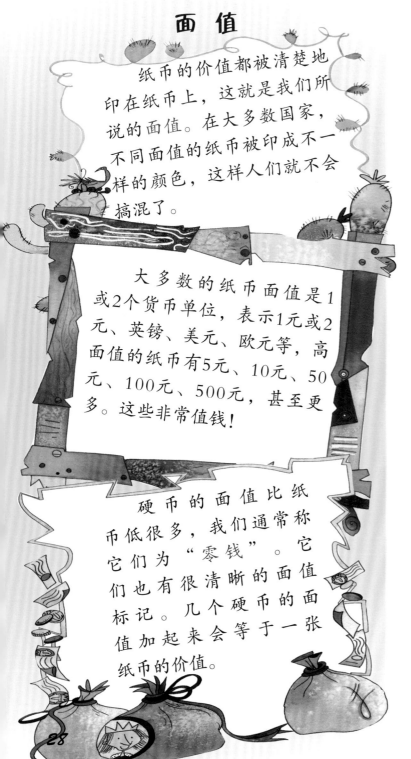

大多数的纸币面值是1或2个货币单位,表示1元或2元、英镑、美元、欧元等,高面值的纸币有5元、10元、50元、100元、500元,甚至更多。这些非常值钱!

硬币的面值比纸币低很多,我们通常称它们为"零钱"。它们也有很清晰的面值标记。几个硬币的面值加起来会等于一张纸币的价值。

赖无敌让他的手下查看每一张钞票的面值,并把它们按照面额分类堆放。

这很简单。颜色帮了大忙!

然后,他又让他们把硬币按照同样的方式分类。

最后,赖无敌说要把每一堆钱的面值相加,并且在纸上写下这个总额。这项工作有点儿困难,但是,最终他们还是完成了。

"现在，"他说，"我们要平分这些钱。这意味着我们要用到除法。我们一共有5个人，所以我们要用总钱数除以5。"

"怎么除呢？"排骨弟问。

"是的，怎么除呢？"猫儿妹问。

赖无敌也不知道，所以他只能用他唯一知道的方法来做。

"这张给你，"他说完给了排骨弟一张粉色的钞票。"这张给你，这张给你，这张给你，这张给我……"

很多货币都是采用十进制计算的，所以他们的人数要是10的倍数或者能被10整除，才能平分。10的一半是5，所以5的乘法也很有用。

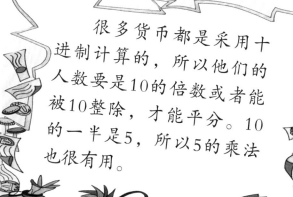

10乘以任何数，得到的结果尾数为0。
$1 \times 10 = 10$,
$2 \times 10 = 20$,
$3 \times 10 = 30$,
……
$10 \times 10 = 100$。

5乘以任何数得到的结果尾数为5或0。
$1 \times 5 = 5$,
$2 \times 5 = 10$,
$3 \times 5 = 15$,
$4 \times 5 = 20$,
……

除法就是乘法的逆运算。
$5 \div 5 = 1$,
$10 \div 5 = 2$,
$15 \div 5 = 3$,
$20 \div 5 = 4$。

用这个方法分钱需要很长时间。以至于警长赶到时，他们还在分，正好被逮个正着。

"啊哈！"警长叫道，"我就知道！你再次因为你的恶行而被捕了，赖无敌先生，而且这次我已经拿到了所有我需要的证据。"
警长把他们都关进了监狱。

"我告诉过你们多少次了？"警长说，"抢劫是非常错误的行为。现在你们将为此受到惩罚——你们所有人都要受到惩罚。"

但是，银行经理有话要说。"这不是真的'抢劫'，"他告诉警长，"你知道，赖无敌先生是我们银行的客户，他所做的不过是在'抢劫'他自己的钱。他没有多带走一分钱，也没有少拿走一分钱。

"用银行的术语来说，赖无敌先生只是在'取款'。"

这太离谱了！赖无敌确信他们原本是可以干一番大事的。

但是有些事情他无法掌控！

帮帮赖无敌!

你想出来那个可以打开保险箱的密码了吗? 许多密码采用字母指代数字, 或者用数字指代字母。一家银行—— A Bank, 用数字表示的话应该是 1、2、1、14、11。

排骨弟知道数字0表示零或者没有, 但是对于钱而言, 钞票上有越多的零就越值钱。1000要比10值钱多了!

猫儿妹认为闪闪发亮的硬币跟金子一样。但是几乎所有的硬币, 即使闪闪发亮, 它们本身的价值都远远不如它们的面值。硬币都是用非常便宜的金属做的, 并不值什么钱。

学习一下乘法表吧, 特别是简单的5的乘法和10的乘法, 它们在分钱的时候非常有用哦!

32